Manfred Sliwka

»Opa, kannst du mir den Urknall erklären?«

Mit dieser Bitte kam mein Enkel Nick (4 Jahre) an dem Tag zu mir, als in Genf die Urknall-Maschine angeschaltet wurde

Bibliographische Information der Deutschen Bibliothek:

Die Deutsche Bibliothek verzeichnet diese Publikation in der Deutschen Nationalbibliographie; detaillierte bibliographische Daten sind im Internet unter http://dnb.ddb.de abrufbar.

Manuskriptbetreuung: Luitgard Pohlen
Umschlaggestaltung: johnen-druck GmbH & Co. KG, Bernkastel-Kues
Herstellung und Verlag: Books on Demand GmbH, Norderstedt
ISBN 978-3-8370-4940-4

Inhaltsverzeichnis

Am Anfang war nichts, gar nichts

Am Anfang war nichts, gar nichts

Die Welt war leer.

Ganz leer: wie das Papier hier auf diesen beiden Seiten.

Doch dann gab es einen Knall: den Urknall

Aber diesen Knall hat keiner gehört, weil es noch niemand gab, der ihn hätte hören können: kein Tier, kein Mensch – niemand. Deshalb konnte später auch niemand etwas davon erzählen. Aber es gibt die Wissenschaftler.

Wissenschaftler sind Menschen, die immer alles genau wissen wollen. Die auch viel herumprobieren, um herauszufinden, warum etwas geht oder auch nicht geht. Sie nennen das Experimentieren.

Wenn du dein Spielzeug auseinanderbaust, um herauszufinden, wie das von innen aussieht, dann bist du auch schon ein Wissenschaftler.

Die Wissenschaftler haben versucht herauszufinden: Warum ist nicht nichts? Warum ist etwas da? Es ist ja etwas da. Du bist da. Es gibt Tiere. Es gibt Pflanzen. Es gibt Häuser und Straßen und Eisenbahnen, das Spielzeug, mit dem du spielst.

Dann haben sie festgestellt, dass nicht immer alles so war, wie du das heute siehst, sondern dass es sich immer verändert hat. Es ist immer mehr geworden. Aber irgendwann muss es ja angefangen haben.

Das haben sie berechnet. Die Wissenschaftler kamen zu dem Schluss, dass das vor über 13 Milliarden Jahren passiert sein muss. Das ist eine unendlich lange Zeit, die sich niemand vorstellen kann. Sie wissen auch, dass es in einem Augenblick angefangen hat. Da war vorher nichts, – und bums – war etwas da.

Dieser Augenblick – sagen sie – war der Augenblick des Urknalls. Aber den Knall konnte keiner hören. Nicht nur, weil es noch niemand gab, der ihn hätte hören können. Es kann auch gar nichts geknallt haben. Denn wenn es knallt, muss Luft da sein, weil die Luft den Schall überträgt.

Wenn du laut schreist, bewegst du Luft, die bis an das Ohr deiner Mama kommt. Die weiß dann, dass du schreist.

Aber diese Luft gab es auch noch nicht. Also konnte kein Schall übertragen werden. Das heißt, man weiß eigentlich noch gar nicht viel von dem Urknall. Vor allem weiß man nicht, warum es ihn gab, wo doch vorher überhaupt nichts da war.

Warum ist da plötzlich etwas passiert?

Das ist alles sehr geheimnisvoll. Aber die Wissenschaftler sind sich ziemlich sicher, dass es so gewesen sein muss. Sie haben sich da eine »Theorie« zurechtgelegt. Was ist eine Theorie? Man versucht sich etwas zu erklären, was man aber noch nicht richtig weiß.

Wenn du in deinem Kinderzimmer ein Spielzeug suchst und es nicht findest, dann macht du dir eine Theorie: Hat dein Brüderchen es weggenommen? Hast du selbst es an eine andere Stelle gelegt und kannst dich nicht mehr so richtig daran erinnern?

Eine Theorie ist also ein Erklärungsversuch. So haben die Wissenschaftler versucht zu erklären, wie das alles, was wir heute erleben, geworden ist. Und jetzt haben sie in Genf – das ist eine große Stadt in der Schweiz – unter der Erde in einem riesigen Tunnel einen Apparat gebaut, um nachzuspielen, wie das mit Urknall gewesen sein könnte. Wenn sie das alles untersucht haben, sind sie vielleicht schlauer. Vielleicht aber auch nicht. Vielleicht wird ihre Theorie bestätigt. Vielleicht müssen sie aber auch später sagen: »So kann es nicht gewesen sein«. Da sind wir alle sehr gespannt. Ich bin sicher: du auch.

Als im Kinderzimmer der Welt die Teilchen herumflogen

Wer den Urknall gemacht hat, weiß man nicht

Die Wissenschaftler glauben also zu wissen, wie es gewesen sein könnte. Aber sie wissen nicht, wer den Urknall gemacht hat.

Doch es gibt alte Bücher. In denen steht geschrieben, wer die Welt, die Pflanzen und die Tiere und uns Menschen gemacht hat.

Das eine dieser Bücher ist die Bibel. Ein anderes ist der Koran. Ein drittes ist der Talmud. Und es gibt noch viele andere Bücher, in denen Schöpfungsgeschichten aufgeschrieben sind.

In der Bibel steht, es war Gott, der alles gemacht hat, der große Schöpfer. Und was er gemacht hat, nennen die Christen die Schöpfung, in der wir heute leben.

»Gott« ist der Name, den die Christen ihrem Schöpfer gegeben haben. Die Christen haben überall auf der Welt Kirchen gebaut, in denen sie zu ihrem Schöpfer beten. Vielleicht hast du schon einmal den wunderbaren Kölner Dom gesehen, eine der schönsten und größten Kirchen der Menschen.

Andere Menschen, die Muslime, haben Gott einen anderen Namen gegeben. Sie nennen ihn Allah, und sie beten in Moscheen. Es gibt wunderschöne große Moscheen, wie z. B. die Blaue Moschee in Istanbul, einer großen Stadt in der Türkei.

Die Juden beten in Synagogen, und ihren Gott nennen sie Jahwe.

Manchmal zanken aber die Menschen auch untereinander, welcher Gott der richtige ist, der die Schöpfung gemacht hat, und wie er denn heißen sollte: Gott, Allah oder Jahwe. Es gibt noch viele andere Namen für die Götter, die das alles gemacht haben könnten.

Die Wissenschaftler, die immer alles genau wissen wollen, sind da vorsichtiger. Sie sagen: Wir wissen es nicht und sagen nichts darüber, weil wir diesen Gott oder Allah oder Jahwe nicht untersuchen können.

Wir sind nur sicher, dass der Urknall passiert ist, ganz plötzlich aus dem Nichts.

Weil wir da so sicher sind, wollen wir jetzt aber noch herausfinden, was dann, nachdem der Urknall passiert ist, alles geschehen ist und warum es uns heute auf der Welt gibt: die Menschen und die Blumen und die Tiere und die Sterne am Himmel und die Meere mit den Fischen und alles das, was die Welt so spannend macht.

Wenn es den Urknall nicht gegeben hätte, gäbe es dich nicht und gäbe es mich nicht. Es gäbe nicht den Strand, die Sonne, den blauen Himmel, den Schiffchenteich. Und es gäbe nicht das Marienkäferchen, das über die Blume krabbelt.

Das ist alles so interessant, so bunt, so schön für den, der wach und fröhlich durch die Welt geht.

Und ob du die Schöpfung als gläubiger Mensch erleben und bewundern kannst, der sich sicher ist: »Es muss einen Gott gegeben haben, sonst könnte das alles nicht da sein«, oder ob du das, was da ist, genau untersuchen willst, wie alles aufgebaut ist und wie es entstanden sein könnte, darüber brauchen wir eigentlich nicht zu streiten.

Auf beiden Wegen kann ich versuchen, mir einen Reim zu machen, was das mit dem geheimnisvollen Urknall auf sich hat, und ein bisschen darüber nachdenken, warum das alles ist, wie es entstanden sein könnte und was ich selbst damit anfangen kann.

Die Urteilchen im Kinderzimmer der Welt und was sie für komische Namen haben

Nach dem Urknall war es dann etwa so, wie bei dir im Kinderzimmer, wenn niemand aufgeräumt hat. Da liegen dann lauter Teilchen herum: Bauklötzchen aus Holz, Legosteine, Eisenbahnschienen, Kugeln aus Plastik und was sonst noch so alles im Kinderzimmer herumliegen kann.

Die Wissenschaftler nennen diese Teilchen, die damals plötzlich da waren, Urteilchen oder Elementarteilchen. Mit denen fing alles an. Diese ersten Teilchen hat man später Protonen und Neutronen und Elektronen genannt.

Die Wissenschaftler haben dann noch viel mehr Teilchen entdeckt. Sie haben denen Namen gegeben. Manche davon klingen komisch. Da gibt es noch die Hadronen, die Leptonen, die Myonen, die Neutrinos, die Pionen und die Photonen.

Einer der Namen ist sogar besonders lustig: Quarks. Ich glaube, das hat aber nichts mit dem Quark zu tun, den deine Mama morgens auf den Frühstückstisch stellt.

Es war also eine ziemlich bunte Schar von Teilchen.

Die Wissenschaftler nennen das auch den Teilchen-Zoo.

Wenn du in einen Zoo gehst, erlebst du eine ganz bunte Schar von sehr unterschiedlichen Tieren: von Vögeln und Eidechsen, von Schlangen, Giraffen, Löwen und Elefanten.

Und weil das so vielfältig ist, ist es so spannend, durch einen Zoo zu spazieren.

Aber es gab damals noch keine Menschen, die mit den Teilchen etwas hätten anfangen können. Wenn es sie gegeben hätte, hätten sie sicher sofort damit begonnen, herumzuprobieren: Was kann man daraus bauen?

Das Kinderzimmer der Welt war also ziemlich chaotisch, als ob ihr in eurem Kinderzimmer überhaupt noch nicht aufgeräumt hättet.

Das Spannende ist: Die Teilchen waren nicht alle gleich. Sie waren ganz unterschiedlich. Das hat die ganze Sache noch spannender gemacht.

Wenn du in deinem Kinderzimmer nur lauter gleich große Holzkugeln hättest oder lauter gleich große Bauklötze, dann würde es schon ziemlich langweilig. Wenn die Teilchen sehr unterschiedlich sind, kann man viel interessantere Dinge damit bauen. Aber man braucht auch mehr Phantasie, damit die unterschiedlichen Teilchen gut zusammenpassen.

Und das war das, was da wohl passieren sollte: aus diesen Teilchen eine große spannende Welt zu bauen. Das ist auch gelungen.

Denn diese Welt ist da. Wir leben in ihr. Wir können an ihr weiterbauen, oder wir können sie kaputt machen.

Aus den Teilchen ist ein richtiger Baukasten geworden

Wenn das Durcheinander sehr groß ist, ruft die Mama: »Räum endlich auf!« Wenn da lauter Teilchen herumliegen, ist es sehr schwierig, daraus etwas Schönes zu bauen, weil man gar nicht richtig weiß, was zu welchem Teilchen passt. Da müsste man eigentlich erst einmal sortieren und aufräumen und die Teilchen schon einmal zusammenfügen, die sich gut zusammenfügen lassen.

Und so ähnlich ist das auch nach dem Urknall gegangen.

Aus den Urteilchen entstanden dann schon etwas größere Teilchen. Das waren die Atome. Da haben sich schon Teilchen zusammengefügt, die gut miteinander zurechtkamen. So haben die Elektronen zu den Neutronen gepasst, und sie haben Atome gebildet. Die Neutronen haben sich in der Mitte gesammelt in den Atomkernen. Und die Elektronen schwirren um sie herum.

Die ersten Atome waren sehr einfach. Es waren Wasserstoff und Helium. Dann entstanden immer noch andere Arten von Atomen. Die nennt man heute die chemischen Elemente, aus denen alles aufgebaut ist, was es im Weltall gibt.

Vor vielen Jahren hat ein russischer Wissenschaftler, Mendelejew, entdeckt, dass man die Elemente, die sich gebildet hatten, in einen richtigen Baukasten einsortieren konnte. Er nannte diesen Baukasten das »Periodische System der Elemente«.

Dieser Baukasten ist wunderbar geordnet. Zunächst hat man geglaubt, man könnte die Elemente in diesem Baukasten in 109 Kästchen einordnen. Später hat man dann noch andere Elemente gefunden. Heute redet man von 116 Elementen. Um die ganze riesige Welt zu bauen, ist das auch nicht allzu viel.

Diese Elemente haben zum Teil auch wieder ganz lustige Namen. Da gibt es ein Element, da kannst du dir fast die Zunge zerbrechen: Ununtrium.

Viele dieser Elemente kennst du auch, z. B. Eisen, woraus die Eisenbahnschienen gemacht sind, oder Gold und Silber, woraus der Goldschmied Mamas Ringe geschmiedet hat.

Es gibt noch andere Elemente, die auch sehr bekannt sind, z. B. Kupfer oder Zink.

Ein sehr wichtiges Element ist der Sauerstoff, den du zum Atmen brauchst. Aber die Luft, die du einatmest, besteht nicht allein aus Sauerstoff. Sie besteht aus zwei Elementen: Sauerstoff und Stickstoff, die sich angefreundet haben und uns die Luft schenken, durch die wir atmen und leben können.

Es gibt Elemente, die nicht so sehr bekannt sind, z. B. Strontium, Cadmium oder Wismut.

Besonders spannend daran ist, dass alles, was du auf der Erde erleben und entdecken kannst, aus diesem eigentlich noch nicht einmal ganz so großen Baukasten mit über einhundert Kästchen stammt.

Da siehst du, was man alles aus wenigen Dingen machen kann, wenn man viel Phantasie hat. Und die Welt und die Natur hatten Phantasie und viele gute Ideen.

Aus diesem Baukasten sind die Galaxien, die Sterne, die Sonne und die Erde entstanden

Es gibt zwar nur etwas mehr als hundert Sorten Bausteine, weil es nur so viele Elemente gibt. Aber aus diesem Baukasten hat sich das ganze riesige Weltall gebildet. Am Himmel kann man mit dem Auge zwar nur etwa 6000 Sterne zählen, aber es gibt viel mehr. Manche Menschen meinen, es gäbe hundert Milliarden Sternsysteme. Darin gibt es wieder Sonnen und Planeten.

Wir Menschen leben in einem Sonnensystem. Und die Erde, auf der wir leben, ist ein Planet. Er kreist immer um die Sonne. Unsere Sonne hat noch andere Planeten, wie z. B. den Mars, die Venus, den Merkur.

Um die Erde herum schwirrt dann noch einmal ein kleinerer Himmelskörper: der Mond, der selbst nicht leuchten kann. Aber wenn du nachts den Mond am Himmel siehst, sind das die Sonnenstrahlen, die hinter der Erde hervorkommen und die Mondkugel so hell machen, die das Licht wie ein Spiegel auf die Erde wirft.

Und was da alles im Weltall so herumschwirrt!

Die ganz großen Sternengebilde nennt man Galaxien. Es gibt Milliarden von Galaxien, und jede dieser Galaxien hat wieder Milliarden von Sternen. Da ist unsere Erde winzig klein. Aber wir leben darauf, und wir haben eine Verantwortung, was wir daraus machen.

Die Planeten schwirren nicht wild herum, wie z. B. die Fliegen, sondern sie kreisen.

Wenn du in deinem Kinderzimmer ein Mobile hängen hast, dann kann auch nicht alles, was daran hängt, einfach so herumfliegen. Die Planeten kreisen, als ob sie irgendwie angebunden und aufgehängt wären.

Es ist ein wunderbar geordnetes Kreisen in dem großen Weltall.

Da kann aber nicht jeder schwirren, wie er will. Auch die Sterne haben »Spielregeln«

Wenn jeder macht, was er will, dann gibt es nur Ärger und Streit. Wenn eure Mama das Chaos in eurem Kinderzimmer sieht und sagt: »Räumt einmal auf!«, was macht ihr dann? Dann müsst ihr ein paar Regeln für die Ordnung haben. Zum Beispiel: Alle blauen Legosteine legen wir in die Ecke am Fenster. Alle Kugeln legen wir an das Spieleregal. Alle Eisenbahnschienen legen wir mitten in den Raum, weil wir dann Platz haben, die große Eisenbahn mit den Weichen und dem Bahnhof zu bauen.

Wenn du das alles schön geordnet hast und dann kommt dein kleiner Bruder und nimmt zwei Eisenbahnschienen und legt sie zu den blauen Legosteinen ans Fenster, dann wirst du sicher mit ihm schimpfen. Wenn ihr gut miteinander spielen wollt, braucht ihr Spielregeln. Auch die Welt hatte nach dem Urknall Spielregeln. Die Wissenschaftler nennen das die »Naturkonstanten«. Das waren Regeln, an die die Elemente sich gehalten haben, wie sie sich zusammenlegten, um etwas Größeres daraus zu bauen.

Eine dieser Naturkonstanten ist die sogenannte Schwerkraft. Warum fällt ein Apfel, der sich vom Baum löst, immer auf die Erde und geht nicht in die andere Richtung hoch in die Luft? Weil die Erde den Apfel anzieht.

Darum fliegt auch der Mond nicht aus seiner Bahn. Er

bleibt immer schön bei der Erde, weil die Schwerkraft ihn anzieht.

Wenn du im Meer baden gehst, weißt du, dass es Ebbe und Flut gibt. Es gibt Zeiten, da darf man nicht baden. Und es gibt Zeiten, zu denen man gut baden kann. Auch das hängt mit der Schwerkraft zusammen. Der Mond zieht das Wasser an, und wenn er weiter um die Erde gewandert ist, läuft es wieder zurück an den Strand.

Wenn du das Licht anschaltest, dann flutscht es in den Raum, so schnell, dass der Raum sofort hell ist. Aber das Licht hat eine Geschwindigkeit. Und die kann niemand verändern.

Die Naturkonstanten sind die Regeln, nach denen die Elemente zusammenarbeiten, damit etwas Kluges daraus wird. Und diese Regeln gelten für alle.

Das ist wieder ähnlich wie auf dem Fußballplatz. Wenn die Fußballspieler keine »Spielregeln« hätten, würde nur wild drauflos gebolzt. Das wäre kein schönes Spiel. Jeder gute Fußballspieler weiß, was z. B. Abseits ist oder dass man Spielern der anderen Mannschaft nicht gegen das Schienbein treten darf. Die Fußballer haben dafür den Schiedsrichter. Der hat eine gelbe und eine rote Karte. Wenn jemand einen Fehler macht, zeigt der Schiedsrichter ihm die gelbe Karte. Das heißt: Mach das nicht noch einmal! Wenn es aber ein schwerer Fehler ist, zeigt der Schiedsrichter ihm die rote Karte, und er muss vom Platz. Er kann nur noch von der Bank aus zuschauen. So hat jedes Spiel seine Spielregeln, sonst wäre es kein schönes Spiel und es käme nichts Gescheites dabei heraus.

Zwei Dinge waren also notwendig, um eine kluge Welt zu schaffen: die Elemente, mit denen man etwas bauen kann, und die Regeln, wie sich diese Elemente zusammenfügen, damit das, was man baut, etwas Schönes wird.

Die Wissenschaftler nennen diese Spielregeln auch Gesetzmäßigkeiten.

Die Erde ist eine Kugel. Deshalb kann man mit einem Schiff ganz um sie herumfahren

Vielleicht hast du schon einmal einen Globus gesehen. Das ist die Erde »in klein«. Die Erde, auf der wir leben, ist eine Kugel. Deshalb kann man ja auch mit dem Schiff ganz um sie herumfahren.

Da ist vor einigen hundert Jahren einem Schiffskapitän etwas Lustiges passiert. Es war Christoph Kolumbus. Indien war schon entdeckt. Die Seeleute wussten, dass man über das Meer nach Indien fahren konnte.

Kolumbus aber dachte: Wenn die Erde wirklich eine Kugel ist, muss man auch andersherum fahren können, um nach Indien kommen.

Es gab Leute, die daran zweifelten. Es gab auch noch Menschen, die glaubten, die Erde sei eine Scheibe. Und sie fürchteten, dass man, wenn man mit dem Schiff immer weiterfahren würde, irgendwo ganz hinten hinunter plumpsen würde.

Aber Christoph Kolumbus glaubte an die Idee, dass die Erde eine Kugel ist. Und er fuhr los. Irgendwann kam Land. Da dachte er, das müsse jetzt schon Indien sein. Das war es aber nicht: Es war Amerika.

Seitdem ist dieser Kapitän Christoph Kolumbus weltberühmt und steht heute in allen Geschichtsbüchern, weil er einen neuen Kontinent entdeckt hatte, den bis dahin niemand gekannt hatte: Amerika. Von da an wusste man sicher, dass die Erde eine Kugel ist.

Auf dieser Kugel leben heute mehr als sechs Milliarden Menschen. Sie ist schon ziemlich voll. Aber alle wollen leben.

Weil man die Oberfläche einer Kugel nicht größer machen kann, als sie ist, muss man mit dem auskommen, was auf der Erde wächst und was man auf ihr findet. Weil alle Menschen leben wollen, muss das möglichst gerecht verteilt werden.

Und da ist noch viel zu tun. Es gibt Menschen, denen geht es sehr gut. Sie leben im Überfluss. Und es gibt sehr arme Menschen, die manchmal kaum wissen, was sie am anderen Tag essen sollen. Es gibt sogar Menschen, die auf Müllkippen suchen, um etwas zum Essen zu finden.

Es müssten alle Menschen viel mehr darüber nachdenken, wie wir das hinkriegen, damit es für alle genug Brot oder Reis oder Kartoffeln zu essen gibt und dass alle etwas zum Anziehen haben, damit es ihnen nicht kalt wird.

Als die Ursuppe angerührt wurde

Deine Mama kann eine Suppe kochen. Die Erde hat auch eine Suppe gekocht: die Ursuppe. Aber die hätte man nicht essen können

Aber so schön glatt wie auf dem Globus war die Erde nicht. Sie war ziemlich zerklüftet. Da gab es hohe Berge und tiefe Täler, in denen sich das Wasser sammelte. Es entstanden Flüsse, Teiche, Seen und große Meere.

Und so schön weich und gemütlich warm wie der Sand am Strand war die Erde auch nicht. Innen war sie glühend heiß. Und das brodelte ganz schön. An manchen Stellen brach Feuer aus der Erde.

Auf Island gibt es heute noch ein paar Stellen, da schießt heißes Wasser aus Erdspalten hoch in die Luft: die Geysire.

Und das Wasser, das von der heißen Erde aus den Seen, den Teichen, dem Meer verdunstete, prasselte mit heftigen Gewittern und starkem Regen wieder auf die Erde zurück.

Die Erde ist über 13 Milliarden Jahre alt, meinen die Wissenschaftler. Aber vor 3,5 Milliarden Jahren ist dann etwas Seltsames passiert: Die Erde hat eine Suppe gekocht. Die Wissenschaftler nennen das die Ursuppe.

Das Wasser, das sich in den Pfützen gesammelt hatte, war kein sauberes Wasser. Es war eine scheußliche Brühe. Alles Mögliche war drin: Salze und Schwefel und anderes Zeug, das die Wissenschaftler heute Chemikalien nennen. In diese Pfützen sind dann heiße Blitze hineingezuckt. Da hat alles gekocht und gebrodelt.

Vielleicht hat deine Mama schon einmal eine Buchstabensuppe gekocht. Das ist eine würzige Fleischbrühe, aber es schwimmen kleine Nudeln drin herum. Das sind die Buchstaben des Alphabets, die du schon in deinen Kinderbüchern gesehen hast, z. B. A, B, C. Die schwimmen wild drin herum. Wenn man sie lesen wollte, dann gibt das keinen Sinn.

Bitte doch deine Mama, einmal wieder eine Buchstabensuppe zu kochen, dann kannst du dir aus dem Suppenteller die einzelnen Buchstaben herausfischen, z. B. genau die, mit denen man deinen Namen schreiben kann: NICK oder den Namen deiner Kusine ANNA. Diese Buchstaben kannst du dann auf den Tellerrand legen genau in der Reihenfolge, dass du deinen Namen lesen kannst. Jetzt haben die Buchstaben einen Sinn: NICK oder ANNA. Das ist etwas Einmaliges. Denn den Nick, den gibt es in eurer Familie nur einmal.

Da war jetzt in der Ursuppe plötzlich etwas da, was es auch da nur einmal gab: die Urzelle.

Das war der Anfang einer spannenden Sache: Es war Leben entstanden.

Dass das mit der Ursuppe so gewesen sein könnte, hat vor vielen Jahren ein 22-jähriger Student, Stanley Miller, bewiesen. Er hat im Labor eine Ursuppe angerührt und die dann mit elektrischen Ladungen traktiert, wie damals die Ursuppe der Welt, in die Blitze hineinzuckten. In dem Labor sind dann Stoffe entstanden, aus denen sich die Urzelle gebildet haben kann.

Diese Urzelle hat sich geteilt. Dann waren schon zwei Zellen da. Aber die zweite Zelle war ein bisschen anders

Die Urzelle wollte nicht allein sein. Sie wollte ein Geschwisterchen haben. Aber wo sollte das herkommen? Es gab ja keine andere Zelle auf der ganzen Erde. In der brodelnden Ursuppe war es schon ein Wunder, dass sie überhaupt überlebt hat.

Um ein Geschwisterchen zu bekommen, hat sich diese Urzelle dann ganz einfach geteilt. Wenn du einmal in die Schule gehst, wird der Lehrer euch im Biologieunterricht im Mikroskop zeigen, wie sich eine Zelle teilt. Jede dieser beiden Zellen ist wieder eine vollständige Zelle, die fröhlich herum schwimmen kann. Aber diese zweite Zelle muss nicht ganz genauso sein wie die erste.

Aus der Buchstabensuppe deiner Mama hattest du den Namen NICK auf den Tellerrand geschrieben. Jetzt fischst du noch einmal Buchstaben aus der Suppe heraus und willst den Namen Nick noch einmal schreiben. Aber du passt nicht auf. Dann schreibst du nicht NICK, sondern NECK.

Das nennt man dann einen Druckfehler. Der Name Neck mag zwar komisch klingen, aber er macht es schon deshalb interessanter, weil er etwas anderes ist. Lauter Nicks, die alle gleich sind, wären furchtbar langweilig. Mit den Druckfehlern können auch noch ganz andere Namen herauskommen, z. B. MICK oder – auch ganz lustig – KECK.

Die Zellen haben sich immer wieder geteilt. Immer wieder sind sie ein bisschen anders geworden. Jede Zelle war etwas Neues, Einmaliges. Menschen nennen so etwas ein Individuum. Wenn jeder etwas anders ist, ergibt das Vielfalt.

Aber es kann auch schon Streit geben. Die eine Zelle konnte sagen: »Ich bin die richtige. Mein Name ist richtig geschrieben. Aber deiner ist falsch«. Die andere könnte sagen: »Aber dadurch, dass ich etwas anders bin als du, bin ich auch schon ein Stück klüger als du.«

Es war also im Kinderzimmer der Welt nicht viel anders als bei euch im Kinderzimmer. Wenn der eine sagt: »Nur was ich baue, ist schön« und der andere sagt: »Nur was ich baue, ist schön«, kann es sein, dass die Mama dazwischenfährt und ruft: »Hört auf zu zanken. Baut gemeinsam etwas Schönes.«

Wenn Kinder friedlich zusammen spielen, kann man viel interessanter spielen

Wenn Kinder auf einer großen Wiese spielen, jeder in einer anderen Ecke, wird auch das mit der Zeit wieder ziemlich öde und langweilig. Der eine pflückt in seiner Ecke Blümchen, der andere buddelt ein Loch in den Boden. Der Dritte sammelt Steine. Dabei kommt nicht viel Gescheites heraus.

Und so ging es auch den Urzellen. Jede hat für sich gespielt.

Doch dann sind sie zusammengekrochen. Sie hatten die Idee: Wir machen etwas Gemeinsames.

Sie haben dann die Aufgaben aufgeteilt. Die Menschen nennen das Arbeitsteilung: »Du kannst das am besten, also machst du das!« »Und du kannst das am besten, also machst du das!«

Es war ein Mehrzeller entstanden. Aus einem Haufen von Urzellen ist ein neues Wesen entstanden. Die ganze Welt der Pflanzen und Tiere und der Menschen, die du um dich herum siehst, besteht aus Nachkommen dieses ersten Mehrzellers.

Auch dein Körper besteht aus lauter einzelnen Zellen. Es sind Millionen und Abermillionen. Schon allein dein dicker Zeh besteht aus Tausenden von Zellen und auch deine Ohren und deine Augen und deine Nase.

Und jede Zelle macht das, was sie am besten kann. Zellen arbeiten zusammen wie die Menschen in einer großen Firma, in der der eine Schlosserarbeiten macht und der andere den LKW fährt, weil ihm das besonderen Spaß macht und er das besonders gut kann.

Bei jeder Pflanze arbeiten die Zellen so zusammen. So sind einige Zellen Wurzelzellen geworden. Sie arbeiten unter der Erde. Andere haben den Stängel gebildet, andere die Blätter, andere wiederum die Blüten. Auch bei dem Stängel gibt es schon wieder Unterschiede. Einige Zellen sitzen im Stängel drin. Sie transportieren den Saft nach oben, den die Pflanze aus der Erde saugt. Andere bilden die Haut oder bei den Bäumen die Rinde.

Je besser die Zellen zusammenarbeiten, umso besser geht es der Pflanze.

Und genauso ist es bei den Tieren und den Menschen. Einige Zellen arbeiten in den Beinen des Hasen, andere in den Ohren, andere im Magen. Sie helfen mit zu verdauen, was der Hase frisst. Andere arbeiten in der Haut. Sie bilden Haare, damit es dem Hasen im Winter nicht kalt wird. Viele Zellen bilden auch das Auge, das so raffiniert gemacht ist, dass der Hase damit sehr weit sehen kann. Noch raffinierter sind die Riechzellen, die in der Nase sind. Wenn der Hase schnuppert, sagen ihm z. B. die Zellen, was das für ein Gras ist und ob er das fressen kann.

Die Zellen in deinem Körper arbeiten genauso. Es sind Millionen und Abermillionen Zellen, die deinen Körper bilden und die alle zusammen den Nick oder die Anna ausmachen.

Die Welt begann jetzt bunt zu werden, denn auch die Mehrzeller wollten nicht allein bleiben

Auch sie wollten Geschwisterchen haben. Aber immer gab es dann wieder »Druckfehler«. Der nächste Mehrzeller war schon wieder etwas anders als der, aus dem er hervorgegangen ist.

Und so wurde die Welt immer bunter und immer vielfältiger. Diese kleinen Veränderungen – die Wissenschaftler nennen sie Mutationen – haben dazu geführt, dass die Pflanzenwelt so vielfältig geworden ist: die Gräser, die Sträucher, die Bäume.

Aber auch die Bäume haben sich immer wieder verändert. So entstanden Tannenbäume, die Nadeln hatten, und Laubbäume mit Blättern. Aber auch die waren schon nicht mehr gleich. Sieh dir das Blatt einer Buche an und das Blatt einer Eiche. Worin unterscheiden sie sich?

Die Pflanzen waren sehr ideenreich, z. B. wie sie ihren Samen in die Welt streuen könnten.

Eine geniale Idee hatte die »Pusteblume«, der Löwenzahn. Er hängt jedes Samenkörnchen an ein kleines Schirmchen. Wenn dann der Wind kommt oder du pustest, fliegen diese kleinen Schirmchen in alle Richtungen. Der eine Same fällt auf eine Wiese, und es wird eine neue Pusteblume daraus. Das andere Schirmchen fliegt sehr viel weiter und landet am Waldrand. Deshalb steht nachher auch ein Löwenzahn am Waldrand.

Eine der wichtigsten Eigenschaften des Lebens ist seine Kreativität. Was ist Kreativität? Kreativ ist jemand, der viele Ideen hat und damit etwas Neues machen kann.

Wenn du im Kinderzimmer etwas baust oder etwas malst, bist du schon kreativ. Du hast plötzlich Ideen: »Nein, ich baue das jetzt ganz anders als gestern.« Oder: »Ich male das Auto einmal ganz bunt an.«

Die Pflanzen waren kreativ, wie z. B. der Löwenzahn mit seiner »Pusteblume-Idee«.

Die Tiere waren kreativ und vor allem auch die Menschen. Die hatten dann viele gute Ideen – manchmal aber auch ziemlich dumme.

Menschen können ja nicht wie die Vögel fliegen. Sie haben keine Flügel. Aber sie waren kreativ, Flugzeuge zu erfinden, in die man sich hineinsetzen und fliegen kann.

Menschen können nur so laut reden, dass jemand es hört, der vielleicht noch um die nächste Straßenecke steht – oder man muss schon ganz laut schreien.

Aber es gab Menschen, die waren so kreativ und haben das Telefon und das Handy erfunden. Heute können wir mit jemand reden, der tausende Kilometer entfernt in einem ganz anderen Land wohnt oder auf einer einsamen Insel sitzt.

Das ist Kreativität. Und das ist eine der wichtigsten Fähigkeiten, damit sich das Leben in dieser Vielfalt entfalten konnte.

So entstanden auch die Tiere, immer neue und interessantere

Nicht alle Lebewesen wollten an einer Stelle stehen, sie wollten sich bewegen. Pflanzen bleiben, wenn sie einmal Wurzeln gefasst haben, immer an der gleichen Stelle, wie z. B. der Strauch mit den blauen Blüten in eurem Garten.

Aber das ist auf Dauer langweilig. Andere Lebewesen wollten sich bewegen. Aber dafür mussten sie wieder Erfindungen machen, z. B. Füße, mit denen man laufen, oder Flügel, mit denen man fliegen, oder Flossen, mit denen man schwimmen kann.

Die Wissenschaftler glauben, dass die ersten Tiere im Meer entstanden sind. Einige sind nur auf dem Meeresboden gekrabbelt, andere sind geschwommen.

So haben sich die Lebewesen ganz unterschiedlich entwickelt. Das hat wieder die Vielfalt des Lebens erhöht. Die Welt wurde immer interessanter, immer bunter und immer ideenreicher.

Jedes Tier hat seine besonderen Fähigkeiten. Die Hasen haben große Ohren und können sehr gut hören, um schnell zu bemerken, dass sich ein Fuchs anschleicht. Und sie können sehr schnell laufen, um dann abzuhauen.

Der Igel läuft nicht weg, wenn Gefahr droht. Er rollt sich einfach zusammen. Er hat nämlich die ganze Haut voller Stacheln, und wer ihm etwas tun will, wird sich die Schnauze zerstechen.

Dann gab es Tiere, die durch Mutationen einen langen Hals bekamen. Damit konnten sie viel besser an die Blätter der Bäume herankommen. Das sind die Giraffen, die du im Zoo sehen kannst.

Das Kamel hat buschige Augenbrauen, weil die meisten Kamele in der Wüste leben, wo die Augen vor dem Sandsturm geschützt werden müssen. Es hat auch breite Hufe, weil die nicht so schnell und so tief im Sand einsinken. Und es hat den komischen Höcker, in dem es Nahrung und Flüssigkeit speichern kann, wenn es lange durch die Wüste laufen muss, wo es kein Wasser und kein Gras gibt.

So haben die Pflanzen und die Tiere immer spannendere Ideen entwickelt und ausprobiert, wie man damit immer besser leben kann.

Aber: Manchmal hat das auch nicht geklappt.

Da gab es vor etwa 60 Millionen Jahren die Saurier. Die waren riesig groß und stark. Sie sind ausgestorben, als ein Meteorit auf der Erde einschlug. Die kleinen, flinken Säugetiere und die Vögel, die haben überlebt.

Ideen haben allein genügt also nicht. Sie müssen auch dahin passen, wo man damit leben muss. Das nennen die Wissenschaftler Selektion.

So hat sich jedes Lebewesen genau der Gegend angepasst, in der es überleben will.

Da die Erdoberfläche sehr unterschiedlich ist, gibt es sanfte Hügel mit Buschwerk und steile, schroffe Berge. Es gibt trockene, sandige Wüsten oder warme, feuchte Gegenden.

Die Pflanzen und Tiere haben sich immer dem »Biotop« – so nennen das die Wissenschaftler –, in dem sie leben, angepasst.

Deshalb ist die Welt so bunt, so interessant, so vielfältig mit Pflanzen und Tieren besiedelt von der kleinen Amöbe, die du mit bloßem Auge kaum sehen kannst, bis zu dem riesigen Elefanten und dem hohen Mammutbaum.

Nicht nur die Formen und Farben haben sich entwickelt, sondern auch die Klugheit und das Können

Einige Tiere sind ganz schön clever geworden, z. B. die Affen. Du kannst das in Tierfilmen sehen oder im Zoo, wie geschickt sie von Ast zu Ast zu springen. Manchmal denkt man: »Mein Gott, jetzt plumpst der runter.« Aber er plumpst nicht. Er greift sich einen Ast, schaukelt ein paar Mal hin und her und hangelt sich weiter von Baum zu Baum. Die Affen haben auch schon Werkzeuge erfunden. Wenn ein Affe sich eine Nuss öffnen will, die sehr hart ist, ist beobachtet worden, wie er diese Nuss auf einen Stein legt wie auf einen kleinen Tisch, sich dann einen anderen Stein sucht und mit der scharfen Kante die Schale kaputt schlägt. Dann kann er genüsslich den Nusskern essen.

Es gibt auch Vögel, die sich von einer Hecke einen spitzen Dorn abbrechen und damit in eine Baumritze hineinstochern, um das Würmchen herauszuholen. Der eigene Schnabel wäre nicht lang genug gewesen.

Der große Naturforscher Charles Darwin hat diesen großen faszinierenden Werdeprozess des Lebens als erster erkannt und ist damit weltberühmt geworden. Er hat auf den Galapagos-Inseln vor der Küste von Südamerika entdeckt, dass die Vogelart die Finken dreizehn unterschiedliche Schnabelformen entwickelt hat. Die einen können mit ihrem kräftigen Schnabel dicke Nüsse knacken, die anderen sich mit ihrem feinen langen Schnabel die Beute wie mit einer feinen Pinzette aus der Baumritze holen.

Du siehst, die Tiere haben wie damals die Zellen, die zu Mehrzellern zusammengekrochen sind, erkannt, wie sinnvoll es sein kann, zusammenzuarbeiten.

Zum Beispiel die Affen in einer Affenhorde, die wie in einer großen Familie wunderbar miteinander auskommen. Auch sie zanken gelegentlich, aber sie wissen immer, dass sie zusammengehören. In der Affenhorde kann ein kleines Äffchen verrückt spielen und seine kleine Schwester ärgern, indem es sie am Schwanz zieht. Vielleicht freut sie sich sogar darüber, und beide balgen vergnügt miteinander.

Es gibt auch Feindschaft unter den Tieren. Es gibt Raubtiere, die davon leben, andere Tiere zu fressen. Der eine ist der Räuber, der andere die Beute. Aber die halten sich in einem Gleichgewicht.

Wenn der Räuber alle seine Beutetiere auffressen würde, würde er selber verhungern, weil er nichts mehr zu fressen hätte. Auch das ist eine »Spielregel« der Natur, die dafür sorgt, dass die Vielfalt des Lebens erhalten bleibt.

Da gibt es den Ameisenbären. Der frisst Ameisenhaufen und Termitenstaaten an. Aber die Tiere pieksen ihn. Der Ameisenbär hat um den Mund eine ganz empfindliche Haut. Das wird ihm dann unangenehm. Wenn er ca. 100 bis 200 Ameisen gefressen hat, haut er ab, um die Ameisen von seiner Schnauze abzuschütteln. Das schützt die anderen Ameisen: Die lässt er dann in Ruhe. Wenn der Ameisenbär eine dicke Haut um seine Schnauze hätte, wäre er unempfindlich. Er würde nicht merken, wann er aufhören muss. Er würde den Ameisenhaufen ganz auffressen und hätte damit seine Nahrungsgrundlage zerstört.

Auch das ist also in der Natur gescheit eingerichtet. Sonst wäre das Leben vermutlich längst ausgestorben.

Auch die Tiere reden schon miteinander. Aber sie haben keine Sprache

Sie können knurren. Sie können aufheulen. Sie können einen Wutschrei ausstoßen. Sie können leise Stimmen machen. In einer Affenhorde gibt es eine Lautsprache und eine sogenannte Körpersprache. Man kann auch mit dem Körper reden, z. B. winken: »Komm einmal rüber« oder jemand liebevoll streicheln. Auch wenn ein Baby noch nicht sprechen kann, kann es sich mit seiner Mama unterhalten. Es gurrt vor Vergnügen und sagt ihr so: »Mir geht es gut.« Oder es brüllt nach der Flasche und sagt damit: »Ich habe Hunger.« So ähnlich verständigen sich auch Tiere innerhalb der Familie oder der Horde.

Die Menschen begannen dann, Worte zu bilden und miteinander zu sprechen. Worte drücken etwas viel genauer aus als die Lautsprache der Tiere.

Es gibt ein Zweites, das mitgeholfen hat, aus Affen Menschen werden zu lassen: der aufrechte Gang. Irgendwann haben Tiere entdeckt, dass man, wenn man sich auf die Hinterbeine stellte und aufrecht ging, einen viel besseren Überblick hatte. Man konnte jetzt über das Buschwerk hinausgucken und sah eher, wo es etwas zu fressen gab oder konnte mit Gekreische die Horde warnen, wenn irgendwo Gefahr drohte, also ein feindliches Tier kam.

So begann der Mensch. Er konnte denken und sprechen

mit seinem viel größeren Gehirn. Es war ein langer Weg von den Urteilchen nach dem Urknall bis zu der Urzelle, durch die das Leben in die Welt kam.

Nicht ganz so lange dauerte es dann, dass aus dieser Urzelle zunächst die Pflanzen, die Tiere und schließlich der Mensch wurden. Das ging nicht von heute auf morgen. Die Natur musste sehr viel Kreativität, sehr viele Ideen haben, bis der Mensch entstanden war. Es gab Rückschläge und Probleme. Aber die Natur war hartnäckig. Sie hat auch schwierige Probleme gemeistert.

Eines der schwierigen – so sagen die Wissenschaftler – war das Auge, das sich in kleinen Schritten gebildet hat und immer besser geworden ist. Die Wissenschaftler vermuten, dass es zunächst mit einer dünneren Haut anfing. Dadurch konnte man zwar noch nichts sehen. Aber wo die Haut dünner ist, spürt man eher, ob es draußen warm oder kalt ist.

Es gibt Tiere, die in stockdunkeln Höhlen leben. Die haben gar keine Augen, mit denen man sehen kann. Sie brauchen auch keine, weil sie ohnehin nichts sehen könnten in der tiefen Dunkelheit. Aber sie haben andere Organe, damit sie spüren, wo sie aufpassen müssen, um nicht gegen einen Felsen zu rennen.

Ein Hund kann sehr viel besser riechen als ein Mensch. Wenn dein Papa die Zeitung liest, will er wissen, was gestern in der Welt passiert ist. Wenn ihr einen Hund hättet und der würde morgens in das Gärtchen vor dem Haus laufen, dann geht der Hund »die Zeitung lesen«. Er kann zwar keine Buchstaben lesen und keine Sätze. Aber er schnuffelt das ganze Gärtchen ab und könnte, wenn du dich mit ihm unterhalten könntest, dir sagen: Da hinten ist heute Nacht ein Igel vorbeigelaufen – er riecht die Spur des Igels –, und da vorne ist der Geruch einer Maus. Er weiß zwar nicht wie dein Vater, was in der Welt passiert ist, aber was in dem Gärtchen passiert ist, weiß er ganz genau.

Und dann kam der Mensch

Wer war der erste Mensch?

Wer der erste Mensch war, das weiß man nicht so genau. In der Bibel haben die ersten Menschen Namen: Adam und Eva.

Aber die Wissenschaftler haben noch keine richtige Erklärung dafür, wer wirklich der erste Mensch war.

In Genf, einer großen Stadt in der Schweiz, gibt es ein großes Gebäude. Es gehört den Vereinten Nationen, also einem Zusammenschluss der Länder dieser Erde, der UNO, wie man ihn auch nennt. In diesem Gebäude habe ich einmal eine Figur gesehen: Da sitzt ein kleiner Affe, der hat einen Ast in der Hand und schaut sich den ganz aufmerksam an. Er guckt ganz scharf dahin, wo seine Finger den Ast »begreifen«. Er hat wohl plötzlich etwas kapiert und denkt darüber nach: »Was kann ich mit dem Ast jetzt machen? Soll ich ihn abbrechen? Soll ich mich an ihm hochziehen?«

Er hat also »begriffen«, wie man mit seinen Händen klüger arbeiten kann, wenn man sie mit seinem Gehirn steuert. Es hat sich eine Verbindung aufgebaut zwischen dem Hirn, dem Auge und der Hand. Jetzt hat er wohl begriffen, dass man alles viel geschickter machen kann, wenn man beobachtet, was man sieht, und darüber nachdenkt, wie man es machen sollte. Und dann seine Hand steuert, damit man es besonders gut macht.

Wir hatten früher in der Familie einen kleinen Hund. Der hatte den ulkigen Namen Knopf. Wir haben ihn alle sehr geliebt. Manchmal bekam er seinen Rappel und buddelte in der Wiese vor dem Haus wie wild ein Loch.

Ich vermute, da war ein Mauseloch, und er wollte ein Mäuschen suchen. Aber er hat einfach besinnungslos gewühlt. Ich habe nie beobachtet, dass er einmal inne gehalten hätte, um ein bisschen nachzudenken: »Könnte es sein, dass ich das Mäuschen eher finde, wenn ich ein wenig weiter rechts buddele?« Er hat im Grunde nichts »begriffen«.

Der Mensch war längst nicht das stärkste Lebewesen auf der Erde. Elefanten und Löwen waren stärker. Aber er war klüger. Mit dem größeren Gehirn konnte der Mensch besonnener denken und sich auch Neues ausdenken. Das hat er dann getan.

Er entdeckte, wie man aus Ton-Matsche einen Topf machen konnte. Und irgendwann hat ein Mensch entdeckt, dass man den Topf, wenn man ihn ins Feuer stellt, ganz fest machen kann, dass er gebrannt wird.

Menschen entdeckten auch, dass Feuer nicht nur gefährlich ist, dass man sich nicht nur die Finger verbrennen kann, sondern dass Feuer auch die Höhle warm machen und etwas beleuchten konnte, damit man es besser sieht. Und dass man den Topf mit dem Fleisch ans Feuer stellen konnte, um das Fleisch zu kochen. Dann schmeckte es besser und war auch leichter zu verdauen.

Aber die raffinierteste Idee, die Menschen dann hatten, war das Rad. Das erste Rad war vermutlich eine Baumscheibe. Wenn man zwei solcher Räder nahm, konnte man schon einen Karren bauen, um Holz oder ein erlegtes Tier nach Hause zu der Höhle zu fahren. Da konnte man schon mehr schleppen, als man auf dem Buckel hätte tragen können.

Aber es gibt noch etwas anderes, was den Menschen vom Tier unterscheidet: Verantwortung

Das Tier macht das, wozu es Lust hat. Es frisst, es trinkt, solange es Hunger und Durst hat, und hört dann auf, wenn es keinen Durst und keinen Hunger mehr hat.

Es gibt Menschen, die essen zu viel und die trinken zu viel Alkohol. Und das ist nicht gesund.

Tiere müssen sich darüber keine Gedanken machen. Das regeln ihre Instinkte. Aber wir Menschen können uns Gedanken machen. Deshalb müssen wir selbst entscheiden: Was mache ich? Was mache ich nicht?

Wir Menschen nennen das »Verantwortung«. Wir können uns die Frage stellen: Was ist gut, was ist böse? Schädige ich damit mich selbst oder andere? Menschen können darüber selber nachdenken, und sie sollten es und müssen dann selber entscheiden.

Früher haben die Menschen gesagt: »Der sündigt«, wenn jemand z. B. zu viel Alkohol getrunken hatte und dann betrunken war. Heute gibt es Menschen, die Drogen, nehmen, womit sie sich schädigen.

Das Reh kann nicht sündigen. Es trinkt nur so viel, wie es Durst hat. Sein Instinkt sagt ihm das. Darüber braucht es nicht nachzudenken.

Aber wir Menschen können und müssen nachdenken und dann entscheiden.

Da wären wir wieder bei den Spielregeln. Bei den Teilchen, bei den Urzellen, bei den Pflanzen und bei den Tieren waren die Spielregeln von Natur aus da. Und alle haben sich so verhalten, dass sie nach den Spielregeln gespielt haben. Sonst wäre nicht das bunte Leben entstanden, wie es entstanden ist.

Wir Menschen müssen uns unsere Spielregeln selbst machen und selbst darauf achten, dass wir sie einhalten.

Das ist unsere Verantwortung dem Leben gegenüber, den Mitmenschen gegenüber. Wir können die Welt besser machen oder böser.

Das unterscheidet uns vom Tier. Eben nicht nur unser Denken, unsere Ideen, unsere Sprache.

»Ätsch, ich bin größer als du!«

Wie bei den Tieren und Pflanzen waren auch die Menschen nicht alle gleich. Einige hatten eine helle Haut, andere eine ganz dunkle Haut. Es gab große Menschen. Es gab kleine Menschen. Es gab dicke Menschen. Es gab dünne Menschen. Es gab Menschen, die sehr stark waren. Sie konnten die schwersten Steine schleppen.

Es gab Menschen mit schwächeren Muskeln, die dicke Steine nicht aufheben konnten. Aber vielleicht waren sie klüger und haben z. B. den Hebel erfunden, mit dem man, wenn man schwächer ist, den Stein hochheben kann.

Einige der Menschen lebten in Höhlen, andere bauten sich schon die ersten Hütten. Andere haben dicke Baumstämme in den See gerammt und eine Plattform darauf gebaut. Darauf wurden dann die Häuser gestellt. Das waren die Pfahlbauten. Wenn ihr einmal am Bodensee mit den Eltern Urlaub macht, könnt ihre solche Pfahlbauten in Unteruhldingen sehen.

Dass die Menschen unterschiedliche Ideen hatten, war wunderbar. Denn je mehr Ideen man hat, umso leichter und schöner kann man sich das Leben machen.

Aber wenn dann einige dieser Menschen sagen: »Nur unsere Ideen sind die richtigen« und die anderen sagen: »Nein, nur unsere«, dann kommt es zum Streit.

Das kann schon in der Familie beginnen. Das kann es auch schon bei euch im Kinderzimmer geben.

So kam es oft zum Streit in den Familien. Es gab Streit zwischen den Städten. Vielleicht hat man sich gezankt, wem denn die Wiese zwischen den beiden Städten gehörte.

Dann haben die Völker Kriege miteinander geführt. Und die Menschen begannen Ideen zu entwickeln für Waffen. Zunächst für Speere, für Pfeil und Bogen. Dann erfanden sie das Schießpulver und noch später die Atombombe, um sich gegenseitig zu bedrohen oder sich sogar wirklich zu töten.

Die Vielfalt des Lebens ist eine wunderbare Sache. Aber wenn Vielfalt dazu führt, dass man den bekämpft, der andere Ideen hat oder anders aussieht, wird es schlimm.

Die Vielfalt war wohl von Anfang an so gewollt – vom Urknall her. Sonst wäre die Welt nicht so interessant und so bunt geworden. Einfalt ist langweilig. Vielfalt ist spannend.

In großen Kriegen haben sich Menschen gegenseitig totgeschossen. Doch dann sind einige klüger geworden

Vielleicht warst du mit deinen Eltern schon einmal im Urlaub in Frankreich oder in Holland. Und dort waren die Menschen freundlich und nett zu dir.

Aber es ist noch gar nicht so lange her, da hat Deutschland mit Frankreich einen großen Krieg geführt, und Panzer sind mit Kanonen in andere Länder eingefallen und haben Häuser zerstört und Menschen erschossen.

Es gab zwei große Weltkriege, in denen die halbe Welt miteinander Krieg geführt hat. Im Zweiten Weltkrieg sind mehr als 50 Millionen Menschen gestorben, weil man damals schon ganz schreckliche Waffen hatte: Flugzeuge, die Bomben abgeworfen haben. Auch viele Kinder sind in den Kriegen umgekommen.

Aber als alles vorbei war, hat man sich besonnen und ist klüger geworden. Man hat sich zusammengesetzt und gefragt: Wie können wir denn in Zukunft friedlich miteinander leben und arbeiten?

Da haben die Staaten in Europa die Europäische Union geschaffen. Sie haben sich geschworen, nie mehr Krieg miteinander zu führen.

Heute kannst du mit deinen Eltern mit dem Auto nach

Frankreich und nach Holland fahren. Es gibt keine Grenzen mehr, an denen dich jemand kontrolliert. Du kannst überall mit dem gleichen Geld, dem Euro, zahlen. Das war nicht immer so. Früher hatte jedes Land seine eigene Währung, wie man das nennt. Die Deutschen hatten ihre DM, die Franzosen den Franc, die Österreicher den Schilling.

Die Menschen haben dann Verträge miteinander gemacht. Sie haben sich die Spielregeln, wie sie in Zukunft miteinander arbeiten wollen, aufgeschrieben und einen Europäischen Gerichtshof geschaffen, der, wenn es unterschiedliche Meinungen gibt, entscheiden soll: Wer hat Recht?

Das ist wie beim Fußball der Schiedsrichter. Auch dieses Gericht kann jemand bestrafen, wie der Schiedsrichter mit seiner gelben und seiner roten Karte.

Aber warum muss man sich zuerst immer zanken, ehe man zu vernünftigen Lösungen kommt? Es muss doch eigentlich ganz einfach und selbstverständlich sein, dass es ziemlich dumm ist, wenn man nur aus Kriegen lernt. Konnte man nicht von Anfang an wissen, dass es viel besser ist, friedlich miteinander zu leben, zu spielen, zu arbeiten und gemeinsam etwas Schönes aufzubauen, statt etwas kaputt zu machen und zu zerstören?

Es gibt aber leider immer noch Menschen auf der Welt, die lieber miteinander zanken, als gemeinsam die Welt schöner und besser zu machen.

Aber es gibt auch immer mehr Menschen, die einsehen, dass Kriege schlimm und böse sind und es viel klüger ist, friedlich miteinander zu arbeiten.

Warum ist Fußball ein so spannendes Spiel, das die Menschen so begeistert?

Die einen sagen: »Weil man nicht weiß, wer gewinnt.« Die anderen sagen: »Weil es immer wieder neue Situationen gibt, denn plötzlich fliegt der Ball auf das andere Tor.«

Ich glaube, es liegt daran, dass es den Fußballern gelungen ist, ein Spiel zu ersinnen, bei dem jeder besser sein will als der andere, aber man trotzdem nicht auftrumpft und miteinander zankt, sondern gemeinsame Spielregeln hat, an die sich beide Mannschaften halten müssen.

Beide Mannschaften wollen gewinnen. Beide Mannschaften wollen besser sein, als die andere. Da ist auch nichts Schlimmes dabei. Du willst später in der Schule und im Beruf besonders gut sein und vielleicht sogar besser als dein Freund Eric. Das ist auch eine gute Sache, etwas Besonderes im Leben leisten zu wollen.

Aber: Beim Fußball können die Spieler und die Mannschaften nicht alles machen, was sie vielleicht machen wollen. Sie dürfen z. B. einem anderen Spieler nicht gegen das Schienbein treten.

Beim Fußball gibt es Spielregeln. Die sind aufgeschrieben. Und dann gibt es den Schiedsrichter. Der passt genau auf, ob jede Mannschaft und jeder Spieler richtig spielt. Wenn ein Spieler nicht nach den Spielregeln spielt, nimmt der Schiedsrichter seine Trillerpfeife und pfeift.

Und er zieht die gelbe Karte aus der Tasche. Dann weiß der Spieler: »Jetzt habe ich etwas falsch gemacht. Das hätte ich nicht machen dürfen«. Er wird gewarnt. Vielleicht spielt er jetzt ordentlich weiter.

Aber der Schiedsrichter hat noch eine rote Karte. Und wenn er die zeigt, dann heißt das: Das war aber jetzt ganz falsch. Das durftest du überhaupt nicht machen. Dann muss der Spieler den Platz verlassen und darf sich nur noch auf die Bank setzen und zuschauen.

Und beim Fußball gelten diese Spielregeln weltweit.

Ach, wäre das schön, wenn die Menschen auf der ganzen Welt für alles, was sie tun, einheitliche Spielregeln hätten, an die sich alle halten müssten. Und wenn es dann einen Schiedsrichter gäbe oder viele, die gelbe und rote Karten zeigten, wenn jemand falsch spielt.

Die Fußballer haben es geschafft. Warum gelang es bisher den Regierungen der Völker oder den Bossen der Großunternehmen nicht, sich Spielregeln zu geben, die für alle gelten?

Dann streitet man sich auch noch, wer die Welt gemacht hat

Es gibt verschiedene Religionen, und jede glaubt, dass nur ihr Gott, den sie anbeten, der richtige sei. Und jede glaubt, dass ihr Gott der wahre Schöpfer sei, der das alles gemacht hat.

Die Christen beten in ihren Kirchen und Domen zu ihrem Gott, wie z. B. in dem wunderschönen Dom zu Köln, wo deine Kusine Anna wohnt. Sie sprechen von ihrem Gott als dem Schöpfer, der die Erde gemacht hat. Das lesen sie in der Bibel.

Fast überall auf der Erde – auch in Deutschland – gibt es Muslime. Das ist eine andere Glaubensgemeinschaft. Sie nennen ihren Gott Allah, und sie beten in den Moscheen und lesen im Koran.

Dann gibt es die Glaubensgemeinschaft der Juden. Die nennen ihren Gott Jahwe. Sie beten in ihren Synagogen.

Es gibt in anderen Gegenden der Welt noch andere Namen für den Gott oder für das Wesen, das die Welt geschaffen hat. Auch sie haben ihre Häuser, in denen sie ihren Gott anbeten, wie z. B. die Tempel.

Es gibt also auch eine Vielfalt der Religionen, wie die Vielfalt bei den Pflanzen, den Tieren oder den Ideen, die die Menschen haben. Und das ist auch gut so.

Schlimm wurde es, als diese Glaubensgemeinschaften untereinander Streit bekamen: »Nur mein Gott ist der richtige, und du musst an ihn glauben!« Oder als die anderen gesagt haben: »Nein, nur unserer ist der Richtige!«

Streiten kann man ja noch. Aber sie haben sich dann auch gegenseitig bekämpft. Es kam zu großen Religionskriegen. Es kam zu Kreuzzügen. Auch heute noch gibt es Menschen, die »heilige Kriege« führen, wie sie das nennen.

Auch einzelne Menschen wurden als Ketzer oder Hexen verbrannt. Sie wurden grausam auf einen Scheiterhaufen, einen Reisighaufen, gestellt, den man dann anzündete. Alles vermeintlich im Namen ihres Gottes.

Die Wissenschaftler halten sich aus dem Streit heraus. Sie wissen auch nicht, wer den Urknall ausgelöst hat, aber sie versuchen herauszubekommen, was nach dem Urknall passiert ist, wie also die Teilchen entstanden sind, wie aus Teilchen Elemente wurden, wie aus Elementen die Erde und die Sonnensysteme entstanden sind und das riesige Weltall sich mit Sternen und Himmelskörpern füllte.

Die Wissenschaftler versuchen herauszukriegen, wieso in der scheußlichen Ursuppe eine Urzelle entstehen konnte, die sich dann so vermehrt hat, dass so vielfältige Formen entstanden sind: die Pflanzen, die Tiere – und der Mensch.

Die Schöpfung ist noch nicht zu Ende. Die Welt kann man noch viel besser machen

Es gibt noch Gegenden auf der Welt, wo Kinder hungern und dankbar sind für eine kleine Schüssel Reis. Es gibt noch Wüsten auf der Erde, wo nichts Gescheites wächst, die man bewässern könnte, um Gemüse anzupflanzen. Es gibt noch Gegenden auf der Welt, wo Kriege geführt werden. Es gibt noch sehr viele Krankheiten, die man heilen könnte, damit die Menschen nicht leiden und daran sterben.

Das sind die Aufgaben, das große Spiel weiterzuspielen – jeder mit seinen Fähigkeiten und Möglichkeiten. Dadurch, dass wir unter allen Lebewesen die sind, die denken können, sollten wir unsere Hirne nutzen, nicht um immer bessere Waffen zu bauen, sondern um die Welt ein wenig besser zu machen. Das ist die Lehre, die wir aus dem großen Spiel des Lebens ziehen können.

Die Vielfalt der Menschen, die alle unterschiedlich sind und unterschiedliche Meinungen haben – das kann auch ein Riesenvorteil sein. Denn wenn wir viele Ideen haben, ist auch eher das Richtige dabei. Auch das lehrt uns das große Spiel des Lebens.

Wir lernen also aus dem Urknall: Es sollte nicht nichts sein. Es sollte etwas werden. Und: Das, was werden sollte, sollte vielfältig sein, nicht langweilig.

Aber wir lernen auch aus dem Urknall, dass es gerade durch die Vielfalt immer wieder gelingen musste, Regeln zu finden, miteinander auszukommen und sich gegenseitig zu ergänzen, statt sich zu bekämpfen und zu erschlagen.

Jedes Tier, jede Pflanze, jede kleine Amöbe und jedes Grashälmchen, jeder Mensch ist wertvoll und Teil dieses großen Spiels. Jeder Mensch, jede Pflanze, jedes Tier hat seine besonderen Möglichkeiten, die man entfalten kann, um mitzuspielen in dem großen Spiel des Lebens.

Wir arbeiten dann weiter an dem großen Werk, das mit dem Urknall begann und eine wunderschöne Welt mit einer Vielfalt von Pflanzen, Tieren und Menschen wollte.

Es gibt noch viel Böses auf der Welt, das man besser machen kann

Es gibt Menschen, die sagen: »Die Welt ist halt so. Da kann man nichts machen. Die Menschen sind so. Es gibt Menschen, die Böses tun und Kriege wollen. Das wird man nicht ändern können.«

Das ist eine dumme Aussage. Wir Menschen können noch sehr vieles tun, um Böses und Trauriges zu verhindern. Wir könnten vieles besser machen, wenn wir klüger wären.

Vor einigen Jahren gab es ein schreckliches Seebeben: einen Tsunami. Das ist eine Naturkatastrophe. Das kam daher, dass die Erde unter dem Meer, der Meeresboden, bebte und gewaltige Wellen auslöste, die an Land rauschten. Dabei sind viele Menschen ertrunken. Könnten Menschen denn Naturkatastrophen verhindern? Vielleicht nicht ganz. Aber sie hätten sehr viel tun können.

Man kann heute z. B. Bojen im Meeresboden verankern. Vielleicht hast du bei einer Schiffsfahrt schon einmal Bojen gesehen. Sie hängen unten an einem Stahlseil, haben im Meeresboden einen Anker und schwimmen oben an der Meeresoberfläche. Daran kann man ein Funkgerät befestigen, wie z. B. ein Handy. Wenn jetzt der Meeresboden schwankt, ruckt das oben an der Boje, und das Handy versendet Signale: Achtung! Da kommt eine große Welle!

Bei diesem Tsunami hätte man dann zwei Stunden Zeit gehabt. Alle Menschen hätten loslaufen können vom Ufer auf die Höhen, wo die Meereswelle nicht mehr ankam. Es hätte fast niemand ertrinken müssen. Aber diese Bojen gab es nicht, weil angeblich kein Geld da war, sie zu bezahlen.

Es gibt auch heute noch viele Stellen auf der Erde, wo es ein solches Seebeben geben könnte. Aber auch da hängen immer noch keine Bojen. Es gibt Leute, die sagen: »Dafür hat die Menschheit kein Geld.« Aber sie hat doch unheimlich viel Geld, um Waffen zu bauen. Wären die Menschen sich einig, müssten sie keinen Cent mehr ausgeben, um Waffen zu bauen. Dann hätte man sehr viel Geld, um damit Gutes zu tun und Böses zu verhindern.

Mit diesem Geld könnte man Wüsten bewässern, dass Menschen in Afrika nicht mehr verdursten oder verhungern müssten. Man könnte verhindern, dass Kinder nichts zu essen haben und durch Hunger und Armut sterben. Man könnte Krankheiten ausrotten. Man könnte Kindergärten bauen und Schulen, damit Kinder auch in armen Gegenden etwas lernen. Manchmal siehst du im Fernsehen in armen Ländern armselige Hütten. Mit dem Geld könnte man Menschen feste Häuser bauen.

Ideen genug sind da, die Welt besser zu machen. Es gab einmal einen Wissenschaftler, der sogar den höchsten Preis bekam, den ein Wissenschaftler bekommen kann: den Nobelpreis. Der hatte die Idee, dass immer, wenn Menschen Geld weltweit überweisen – und das sind täglich Milliarden und Abermilliarden –, sie einen ganz kleinen Teil davon abgeben sollen, um eine große Kasse zu schaffen, mit der man das bezahlen könnte, um die Not auf der Welt zu lindern. Dieser Wissenschaftler hieß James Tobin. Seine Tobin-Steuer hätte leicht bezahlt werden können. Aber sie ist nie eingeführt worden.

Hätten wir Menschen begriffen, dass das, was mit dem Urknall angefangen hat, noch längst nicht zu Ende ist, dann könnten wir noch viele Aufgaben und Ideen haben, um dieses große Spiel des Lebens zu fördern, statt es zu behindern oder gar zu zerstören.

Und was machst du?

Jedes Kind ist anders und hat andere Ideen. Und das ist wunderbar so

Jedes Kind ist anders. Das eine malt lieber. Das andere baut lieber Häuser. Das eine interessiert sich für Bagger. Das andere interessiert sich für die Vögel. Es will wissen, wie jeder Vogel heißt, der auf der Wiese sitzt und wie er piepst.

Wenn ich meine Enkel ansehe, Nick, Anna, Ben und Jan, dann sind die schon sehr verschieden. Später werdet ihr einmal erkennen, was ihr ganz besonders gern und besonders gut macht und wofür ihr besonders begabt seid.

Der eine wird vielleicht Baumeister, der andere Künstler. Den einen fasziniert die Technik. Er wird Autos und Maschinen bauen. Ein anderer wird Wissenschaftler, weil er herausfinden will, wie die Welt entstanden ist.

Der eine ist nicht besser als der andere, sondern es kommt darauf an, dass ihr friedlich zusammenarbeitet und einer dem anderen hilft und das macht, was der andere weniger gut kann. Damit macht ihr die Welt immer ein bisschen schöner, bunter, interessanter, vor allem aber friedlicher.

Ob ihr nun daran glaubt, dass der Urknall von Gott, von Allah, von Jahwe oder von einem anderen der vielen Götter gemacht worden ist, an die Menschen glauben, das ist doch egal. Darüber sollt ihr euch nicht zanken.

Viel wichtiger ist, dass ihr das große Spiel nicht stört oder gar zerstört, sondern mithelft, dass es in Vielfalt und Fülle gedeiht.

Wenn im Kinderzimmer alle Kinder genau das gleiche Haus bauen wollen, jeder für sich, aber das gleiche, dann wird man sich um die Teilchen zanken, weil jeder immer genau die brauchen kann, die der andere auch braucht, um das Haus zu bauen.

Wenn ihr aber im Kinderzimmer eine große Landschaft baut mit vielen verschiedenen bunten Häusern, mit Dörfern und Städten, mit Straßen und Eisenbahnen, mit verschiedenen Bäumen und Tieren, müsst ihr euch nicht mehr zanken um dieselben Bauklötzchen. Der eine kann dies brauchen und der andere das.

So entsteht eine wundervolle Spiellandschaft, in der jeder seine Aufgabe hat.

Und der eine kann dies besser und macht es lieber, und der andere kann das andere besser und macht es lieber. Wenn jeder das macht, was er am liebsten macht, kann man viel friedlicher miteinander spielen.

Neugier wecken und Wege zeigen, sie zu erfüllen

In der Schule kann jedes Fach sehr interessant sein: Deutsch, Mathematik, Französisch, Biologie, Erdkunde, Physik und Chemie. Ich hoffe, dass du Lehrer haben wirst, die die Neugier auf das wecken, was es in der Welt gibt und was in der Welt so alles passiert ist.

Lehrer ist ein schöner Beruf. Mein Vater war Dorfschullehrer. Aber er hat sich für vieles interessiert. Als ich ein kleiner Junge war, bin ich einmal mit ihm mit der Moselbahn von Kinheim, wo ich geboren wurde, nach Traben-Trarbach gefahren. Da war eine Fliege im Zug. Mein Vater fragte mich: »Wie schnell fliegt die Fliege?« Das wusste ich natürlich nicht. Er erklärte mir: Wenn die Fliege in dem fahrenden Zug nach vorn fliegt und ich wissen will, wie schnell sie sich im Verhältnis zu dem bewegt, was ich draußen vor dem Fenster sehe, müsste ich die Geschwindigkeit des Zuges und die Geschwindigkeit der Fliege zusammenziehen. Wenn sie aber rückwärts fliegt, müsste ich von der Geschwindigkeit des Zuges die Geschwindigkeit der Fliege abziehen. Das war für mein kleines Kindergehirn etwas kompliziert. Aber dunkel habe ich es begriffen. Er wollte mir beibringen, dass man immer etwas weiterdenken sollte, um besser zu denken.

Er war ein großer Bewunderer von einem der klügsten Menschen des letzten Jahrhunderts: Albert Einstein. Ich glaube, das von der Fliege im Zug hatte etwas mit der Relativitätstheorie zu tun, die Albert Einstein formuliert hat.

Diese Szene im Zug habe ich nie in meinem Leben vergessen. Dafür bin ich meinem Vater heute noch dankbar.

Mit dem Urknall ist plötzlich etwas geworden. Da hat etwas Wunderbares angefangen. Es fing ganz klein an, ganz bescheiden mit ein paar Urteilchen. Aber was daraus geworden ist, kannst du sehen und erleben, wenn du mit wachen Augen durch die Welt gehst. Immer hat alles ganz klein angefangen. Nicht nur die Urteilchen waren winzig, auch die Urzelle. Aber aus der Urzelle ist die Amöbe geworden und der große Elefant, das kleinste Moospflänzchen und der riesige Mammutbaum. Und alles will wachsen und gedeihen. Man kann es hegen und pflegen, man kann aber auch alles kaputtmachen.

Du kannst eine Schnecke, die auf dem Wege kriecht, tottreten. Dann hast du etwas ganz Trauriges getan. Auch diese Schnecke will leben, so wie du. Sie will sich ihres Lebens freuen. Sie kriecht zwar sehr langsam und kann nicht so schnell laufen wie du, aber auch sie genießt ihr Leben.

Wir Menschen halten uns für schlau, weil wir ein größeres Gehirn haben und glauben, ein bisschen besser denken zu können als z. B. die größeren Tiere. Aber mit dieser vermeintlichen Schlauheit können wir auch viele Ideen haben – und haben sie leider gehabt –, die Welt zu schädigen, zu zerstören und uns gegenseitig zu bekämpfen, sogar uns zu töten. Aber das wollte das Leben nicht. Vom Urknall her wollte es gedeihen in Vielfalt und Fülle.

Da kannst du jetzt darüber nachdenken und entscheiden, ob du in deinem Leben die Vielfalt und Fülle des Lebens fördern willst, damit die Welt immer schöner, besser, friedlicher wird, oder ob du dieses Gedeihen stören oder gar zerstören willst. Ob du mithilfst, Spielregeln zu suchen und dafür zu sorgen, dass sie eingehalten werden, oder ob du noch mehr Zank und Streit auf die Erde bringst, als leider ohnehin schon da ist.

Was ich selbst dabei gelernt habe

Kinder können noch einfach denken. Erwachsene denken oft viel zu kompliziert.

Als mein Enkel Nick am 10. September 2008 gegen Abend auf der Nordseeinsel Juist mit der Frage zu mir kam, bin ich erst ein wenig erschrocken. Mein Gott, habe ich gedacht, wer kann denn schon den Urknall erklären? Aber diese Frage hat mir keine Ruhe gelassen und mich zum Nachdenken gebracht. Ich habe mit diesem Büchlein ein wenig versucht, es zu erklären.

Als Nick sich an diesem Abend auf dem Sofa neben mich kuschelte und ich anfing, etwas vom Urknall zu erzählen, habe ich wahrscheinlich viel dummes Zeug geredet und ziemlich gestottert. Später ist mir angeregt durch seine Fragen selbst einiges klarer geworden:

1. Es sollte etwas werden. Es sollte nicht nichts ein. Und es ist etwas geworden. Und das begann mit dem berühmten Urknall.
2. Aber es sollte nichts Langweiliges werden, nichts Eintöniges, sondern etwas sehr Interessantes. Deshalb ist die Vielfalt der Formen und Stoffe, der Tiere und Pflanzen und die Vielfalt der Menschen auf der Welt entstanden. Die Welt ist immer vielfältiger geworden.
3. Aber mit der Vielfalt kommen die Unterschiede. Wenn die Teilchen, Tiere, Menschen nicht alle gleich sind, kommen dann die Fragen auf: Wer ist schöner? Wer ist besser? Wer ist wichtiger? Oder ist nicht jeder gleich viel wert und gleich wichtig, jeder auf seine Art?
4. Und immer musste die Welt lernen, miteinander auszu-

kommen und gemeinsam an einer großen Idee mitzubauen. Die Menschen mussten lernen und müssen immer noch lernen, miteinander immer besser auszukommen und in Frieden miteinander zu leben.

5. Es ist ein großer Werdeprozess, den wir erleben können, wenn wir wach durchs Leben gehen und wenn wir erkennen, was das Leben will: Es will gedeihen in Vielfalt und Fülle.

   Vielfalt heißt: Auch der, der anders aussieht, anders handelt, anders denkt, andere Talente hat, ist wichtig für das Leben. Und niemand hat das Recht, ihn zu bekämpfen oder ihn zu verachten. Alle gehören zum großen Spiel des Lebens.

   Fülle heißt: Es ist so viel Interessantes, Schönes da. Niemand hat das Recht, etwas zu zerstören, was ihm persönlich vielleicht nicht in den Kram passt. Alles ist höchst wertvoll und schützenswert.

Es hat einmal vor 50 Jahren Wissenschaftler gegeben, die geglaubt haben, das Leben sei ein sinnloses Zufallsspiel. Es sei nur Zufall, warum es Steine gibt oder Bäume oder Menschen. Das Ganze habe keinen Sinn.

Dieses große Wunderwerk der Welt soll Zufall sein? Der Urknall und alles, was hinterher passiert ist, soll Zufall sein? Und all das Schöne und Interessante und Lebendige, was du siehst, soll Zufall sein?

Das kann ich nicht glauben.
Ich bin mir sicher:
Dahinter steht eine große Idee.
Und da wurde und wird ein großes Spiel gespielt.

Liebe Anna,
lieber Nick, lieber Ben,
lieber Jan und
alle Kinder dieser Erde

Als ihr, unsere Enkel, geboren worden seid, lagt ihr mit euren großen Augen in euren Körbchen, habt uns angelacht, mit euren Händen gestikuliert und gegurrt, als ob ihr mit uns sprechen wolltet. Vielleicht wolltet ihr uns fragen: In welche Welt bin ich denn da gekommen?

Was hätten wir euch dann sagen sollen?

Dass es eine schöne Welt ist und trotzdem viele nur jammern? Dass es aber auch viele Menschen gibt, die große Sorgen haben um ihren Arbeitsplatz und ihre Existenz? Dass wir dabei sind, nicht mehr zu wissen, was diese Welt soll? Dass für viele alles so beliebig geworden ist? Dass Familien kaputt gehen und Kinder ihre Geborgenheit verlieren? Dass viele nur noch möglichst viel Geld verdienen wollen? Dass es in der Welt sehr viel Not gibt, auch Not bei vielen Kindern?

Noch hättet ihr das alles natürlich nicht verstanden. Ihr freut euch eures Lebens. Ihr spürt, dass ihr geliebt werdet.

Wir hätten euch aber auch gesagt, dass ihr für uns ein großes Wunder seid, das Wunder des Lebens.

Wir hätten euch gesagt, die Welt ist weder ein Schlaraffenland noch ein Jammertal. Sie ist unser Schicksal und unsere Aufgabe.

Wir hätten euch gesagt, dass jeder, in welchem Beruf

auch immer, mithelfen kann, die Welt besser zu machen, dass es darauf ankommt, dass ihr eure Begabungen erkennt und entfaltet, um dann eure Lebensaufgabe zu finden und sich mit ganzer Seele einzusetzen.

Dass ihr nicht auf die Welt gekommen seid, um Probleme zu machen, sondern um sie zu lösen. Dass ihr nicht sagt: »Es geht nicht«, sondern: »Wir kriegen das schon hin.« Dass ihr nicht nur motzt, sondern anpackt.

Und wir hätten euch gesagt, dass eure wichtigste Aufgabe, wenn ihr einmal groß seid, darin besteht, am ewigen Schöpfungsplan des wunderbaren großen Weltalls mitzuarbeiten und das Gedeihen des Lebens in seiner ungeheuren Vielfalt und Fülle zu fördern.

Der Urknall ist unser Schicksal. Er ist passiert. Und dadurch sind wir in der Welt. Der Urknall ist aber auch unsere Aufgabe. Damit begann das große Spiel des Lebens, aber es ist noch nicht zu Ende.

Jeder, der in das Spiel hineingeboren wird, kann sich fragen: Was sollte das mit dem Urknall? Und was kann ich selbst mit meinen Begabungen, meinen Talenten, meinen Möglichkeiten tun, damit das, was da gewollt worden ist, sich immer noch schöner entfaltet?

Wie kommt ein Unternehmensberater dazu, den Urknall zu erklären?

Was macht eigentlich ein Unternehmensberater?

Ein Unternehmensberater berät Unternehmen, damit sie wachsen und gedeihen und erfolgreich überleben können.

Unternehmen stellen etwas her, ob Joghurt oder Möbel oder Fahrräder oder Autos. Oder sie handeln mit Lebensmitteln, mit Uhren, mit Juwelen – oder mit Ideen. Alle diese Unternehmen wollen größer werden, stärker und immer noch besser verkaufen.

Und dabei erwarten sie Rat von ihrem Unternehmensberater.

Da habe ich mir schon vor vielen Jahren die Frage gestellt: Was ist eigentlich das erfolgreichste Unternehmen der Welt? Und was könntest du von ihm lernen?

Meine Antwort war: Das wirklich erfolgreichste Unternehmen der Welt ist das Unternehmen »Leben«. Es ist vor 3,5 Milliarden Jahren durch die erste Urzelle – sozusagen als »Ein-Mann-Betrieb« – gegründet worden und hat sich seitdem höchst erfolgreich entwickelt. Es hat immer neue »Produkte« erfunden, die Arten. Es hat seine Ressourcen geschont – die wir Menschen dabei sind, furchtbar auszubeuten. Es hat seinen »Umsatz« gesteigert. Das Ergebnis ist eine grandiose Bilanz: ein Gedeihen des Lebens in Vielfalt und Fülle.

Da habe ich dann 1992 einen Aufsatz geschrieben, den die Manager-Zeitschrift »Harvard Manager« veröffentlicht hat: »Wenn Manager bei der Evolution in die Lehre gehen«.

Denn die Evolution ist die Managementmethode dieses Unternehmens »Leben«. Weil diese Methode so erfolgreich war, sollten wir Menschen, vor allem die, die Führungsverantwortung haben, bei der Evolution in die Lehre gehen.

Was ich bei der Evolution gelernt habe, habe ich in Aufsätzen und Büchern geschrieben. Ich habe Vorträge dazu gehalten.

Eines der Bücher hat den Titel »Denkschule Evolution. Führungsintelligenz und Führungsverantwortung in Wirtschaft, Politik und Gesellschaft«.

Ein anderes »Die Praxis der Unternehmens-Evolution. Wenn Unternehmer bei Charles Darwin in die Lehre gehen«.

Und ein Büchlein für junge Menschen, die noch ihren Weg suchen: »Das Abenteuer deines Werdens. Was junge Menschen lernen sollten, um in der Welt von morgen erfolgreich zu sein«.

Dann kam jener Familienurlaub auf der Nordseeinsel Juist, die wir in der Familie deshalb so lieben, weil es dort keine Autos gibt, nur Pferdekutschen – wunderbar für einen Urlaub mit den Enkeln. Da kam Nick mit der überraschenden Bitte: »Opa, kannst du mir den Urknall erklären?«

Ich fing an zu grübeln: Wie zum Teufel kannst du deiner Enkelin Anna (3 Jahre), deinem Enkel Nick (fast 4 Jahre) und den beiden Kleinen, Ben und Jan, die erst anderthalb Jahre alt sind, jetzt schon oder vielleicht später einmal diese Frage beantworten. Was ist der Urknall, und was ist hinterher so alles passiert?

Ein Buch für junge Menschen

Manfred Sliwka
Das Abenteuer deines Werdens
Was junge Menschen lernen sollten,
um in der Welt von morgen erfolgreich zu sein
Zwölf Briefe
138 Seiten, broschiert, ISBN 3-8334-2877-5

Das ist ein optimistisches Buch. Es zeigt, dass junge Menschen mit der richtigen Lebenseinstellung und dem richtigen Können in der Welt von morgen ungeahnte Chancen und Möglichkeiten haben.

Es ist ein Buch für alle jungen Menschen, die ihre Lebensentfaltung und Lebensgestaltung eigenverantwortlich, kraftvoll und gekonnt selbst in die Hand nehmen wollen – in welchen Berufen auch immer: ob als Handwerker, Ingenieur, Künstler, Manager oder ...

Das Buch entstand aus 40 Jahren Arbeit mit Führungskräften – und damit aus der Erfahrung, welche Denk- und Verhaltensweisen erfolgreich machen und welche zum Scheitern führen.

»Hamburger Abendblatt«: »Manfred Sliwka gehört zu denen, die jungen Menschen Mut machen, Lebenshilfe geben und Werte vermitteln. Ich empfehle sein Buch allen Eltern, Lehrern und Politikern.«

Aus dem Mail eines Vaters, der das Buch seinem Sohn geschenkt hatte: »Das hat ihm gewaltig Auftrieb gegeben.«

Weitere Bücher des Autors

Manfred Sliwka
Denkschule Evolution
Führungsintelligenz und Führungsverantwortung in Wirtschaft, Politik und Gesellschaft
Spielregeln des Gedeihens
292 Seiten, gebunden, ISBN 3-8334-3627-1

Es gibt allerdings »Spielregeln«, deren Einhaltung darüber entscheidet, ob ein System gedeiht, und deren Missachtung darüber, ob es untergeht. Die Evolution zahlt heim mit »regulierenden Katastrophen« – das sind verlustreiche und schmerzliche Lernprozesse –, die immer dann eintreten, wenn man die evolutionären Spielregeln nicht begreift oder nicht wahrhaben will.

Manfred Sliwka
Die Praxis der Unternehmens-Evolution
Wenn Unternehmer bei Charles Darwin in die Lehre gehen
Die sieben Führungsfelder
180 Seiten, gebunden, ISBN 3-8334-5240-4

Nicht der Stärkste überlebt, wie Darwins Formel »The survival of the fittest« fälschlich ins Deutsche übersetzt worden ist, sondern der Kreativste. Die größte Überlebenschance haben jene Unternehmen, die mit evolutionärer Kreativität Marktnischen besetzen und ihre inneren Entwicklungspotentiale geschickt evolutionär entfalten.

Weitere Informationen unter:

www.Manfred-Sliwka.de
www.denkschule-evolution.de